龙血树

我的养花经验采撷

张鲁归　编著

中国林业出版社

概　述

1799年，德国自然科学家亚历山大·冯·洪堡与法国植物学家邦普兰一起，赴中南美洲考察，历时5年。稍后，洪堡一个人来到位于北回归线附近的加那利群岛，马上被岛上丰富多彩的植物世界所征服。在浩瀚如海的树林中，他发现了一棵树皮略显灰白，在高高的顶端分枝的老树。其主干高达15米，树干围粗达5米，在长长的枝条端部簇生着剑形的叶片。只是由于树干的中心已被蛀空，因此在离地3～4米处被大风吹断而斜倚在地上，断处的直径也有1米多粗。洪堡将树干外围的年轮仔细地数了一遍，天哪!光外围的年轮足足有2000多圈。如果加上蛀空的部分，估计年轮约有8000多圈，就是说它已经生长了8000多年。后来几经鉴定，确认这棵树就是百合科的高大乔木——龙血树（*Dracaena draco*），并且确认龙血树为世界上最长寿的树，因为即使是美国加利福尼亚州的世界爷(*Sequoia sempervirens*),最高的年龄也只有7800岁。

龙血树因能分泌紫红色的树脂而得名，这种有特殊香味的树脂被称作“血竭”。古时的非洲人只是将“血竭”作为染料使用，后来发现“血竭”具有止血和治疗跌打损伤的功能。龙血树原产加那利群岛与热带、亚热带非洲、亚洲及亚洲与大洋洲之间的群岛，但人们却常常称其为“巴西木”，这是什么原因呢?原来，这是由于最早时由巴西人大量经营龙血树

的缘故。巴西铁的名称，则因其形态与朱蕉属(*Cordyline*)相似而得名。

由于我国每年需要花费大量外汇进口“血竭”，我国的植物学家便不断地寻找能分泌“血竭”的植物。经过不懈的努力，我国云南热带植物研究所的研究人员在著名植物学家蔡希陶教授的率领下，在1972年终于在西双版纳的石灰岩地带，发现了大片野生的龙血树。这种龙血树的叶片集生于树端，色泽墨绿，形似剑状而坚挺，故称剑叶龙血树(*Dracaena cochinchinensis*)。这种龙血树虽然与加那利群岛生长的龙血树不同，但分泌的“血竭”成分却完全一致。从此以后，我国依靠进口“血竭”治病的日子便一去不复返了。后来，在广西南部也发现了剑叶龙血树的少量分布。现已被定为国家三级保护植物。另外，在海南西南部发现的小花龙血树(*Dracaena cambodiana*)，也可提炼伤科的要药，但已濒临灭绝，急需得到妥善的保护，因而也被定为国家三级保护植物。

龙血树为百合科(Liliaceae)龙血树属(*Dracaena*)植物，龙血树属又称虎斑木属。也有的把它列入龙舌兰科(Agavaceae)。同属的植物约有150种，我国有5种，广泛分布于亚洲和非洲的热带与亚热带地区。其中除有高大的乔木外，还有直立单茎和矮生多茎的种类。不少种类的叶片上具有色彩斑斓的条纹和斑块，所以成为观赏价值很高的观赏植物。

龙血树为单子叶植物，单子叶植物通常不具有次生生长，因而其茎干不会随着植株的生长而增粗。但龙血树属的植物具有次生生长，并能形成次生结构。龙血树的维管束外方的薄壁组织细胞能转化成形成层，并切向分裂，向外产生少量的薄壁组织细胞，向内产生基本组织。且能分化为散列的，但比初生维管束更为紧密的次生维管束。正因为如此，龙血树

的茎干能得以逐年加粗。

由于人们很少看到龙血树开花，所以当龙血树开花时，很多人觉得很新奇。实际上成熟的龙血树在原产地能常年开花结实，盆栽的植株开花也并不稀罕。龙血树属植物一般3～6月开花，圆锥花序或总状花序，花大型，花轴分枝，每个枝顶密生3～5朵小花，花白色或浅紫色，夜里有香味。浆果橘红色，7～8月成熟，每药室含1～3粒种子。龙血树开花时，花序会流出一种胶状汁液，这种汁液也可用来提炼“血竭”。由于龙血树的花形单一，花小而色彩单调，故无观赏的价值。

生态环境

龙血树的生长环境与栽培要求如下：

温度

龙血树属植物喜温暖的环境，生长的适宜气温为18～24℃。越冬气温应不低于7～13℃，但剑叶龙血树能在5℃以上安全越冬；绿叶的富贵竹抗寒力更强，安全越冬的气温只要2℃。温度低时，龙血树的叶片会变黄，并产生焦叶。

光照

龙血树属植物对光照的要求不严，多数种类具有一定的耐荫性。但叶面具有彩色条纹和斑块的种类，则需要比较充足的散射光，才能保持色彩的鲜丽。但畏阳光直射，烈日暴晒容易使叶片变黄，并产生焦叶和焦边，鲜艳的色彩也会褪淡，从而严重影响观赏的效果。发生严重日灼病时，因病叶不会复原，应将病叶剪除后，移入半荫通风之处，并控制肥水，使其重新发出新叶后，才能恢复往日的风采。但10月至翌年4月间则宜给予充足的阳光。仅剑叶龙血树终年喜充足的阳光。

水分

在龙血树的生长旺盛时期，应保持盆土充分的湿润，但不能积水。入冬休眠期间，则需控制浇水量，使盆土保持偏干的状态，以利植株的安全越冬。龙血树对氯化物比较敏感，浇灌自来水后，植株吸水便会把氯化物输送到叶片的尖端，从而使叶尖发生枯黄。

湿度

龙血树属植物喜湿润的环境，在生长期间最好能保持70%～80%的空气相对湿度。湿度低时，需增加对植株及周围环境的喷水次数，以保持湿润的条件。空气过于干燥时，新叶的叶缘和叶尖均易枯焦。

肥料

龙血树生长期间，应10～15天施1次肥料。如根外喷施0.1%的尿素加0.2%磷酸二氢钾溶液，不但可使植株生长茂盛，叶片厚实，而且能使叶片具条斑的种类其色彩更为鲜艳。9月上旬起，应停施氮肥，每月增施2～3次磷钾肥，可使植株的组织充实成熟，提高越冬的抗寒能力。

土壤

龙血树属植物喜排水良好、富含腐殖质的壤土。可用园土、腐叶土、泥炭土、砻糠灰或珍珠岩按1∶1∶1∶1的比例混合配制，并加入饼肥或腐熟的牛粪、鸡粪等作基肥。

其他

龙血树属植物大多单干直立，叶片常密生于茎端。植株长高后，会导致茎干基部的空秃，从而影响观赏的效果。由于龙血树属植物耐修剪，萌芽力强，因此可将上部过高的部分剪去。位于剪口以下的芽就会萌发长成新枝，并形成低矮而丰满的株形。一般在剪口下可同时长出1～5个新芽。

常见种类

龙血树类

龙血树 *Dracaena draco* **别名：**千年木

产地：加拿利群岛与热带、亚热带非洲、亚洲及亚洲与大洋洲之间的群岛。

形态：常绿乔木，极健壮，是龙血树属中最为高大的一种，株高可达18米。根黄或橘黄色。干稍有分枝，叶集生于茎端。叶片剑形，长45～60厘米，向下弯垂呈弓状，深绿色，具平行脉，近无叶柄。圆锥花序，花小，淡绿色。果实橘黄色。

养护：喜高温多湿环境，适宜生长气温为20～28℃，13℃时进入休眠，越冬气温应不低于10℃。低于10℃时，基部叶片变黄，叶尖和叶缘会出现黄褐斑。新叶抽出时，如空气干燥，叶缘和叶尖易枯卷，应经常喷洒叶面水。喜充足的散射光，过度荫蔽会使叶片变成黄色；阳光直射，则叶片会出现干枯褐焦。生长期间要保持盆土湿润，防止过干或过湿，

龙血树

过湿时易产生烂根。生长期间每两周施1次肥料，9月上旬停施氮肥。每2年在春天翻1次盆。通风不良时，会有红蜘蛛、蓟马、介壳虫等危害，. 发生时应及时防治。

用途：龙血树树形挺拔，叶形如剑，颇具热带风韵。大型植株可布置厅堂，小型植株则宜置于书房、卧室的几桌之上。

香龙血树扦插繁殖

香龙血树 *Dracaena ragrans* **别名：**巴西木、巴西铁、香千年木

产地：南非、几内亚等地。

形态：树型高大，可达6米。叶片宽线形，叶缘波状，浓绿色，长40～80厘米，丛生于茎端，无柄。花簇生，因具香味而得名。

养护：习性与养护似龙血树，但适应性更强，抗寒能力在同属植物中较强。有较好的耐荫性，能在室内较阴处生长，但时间不宜过久。

香龙血树

用途：香龙血树树形优美，叶片秀雅，常将树干锯成段状进行盆栽，称龙血树柱。开始大多1盆1柱，后增加为2柱或3柱，也有4柱、5柱的，目前以3柱栽植的最为常见。这样不但茂密，而且极富层次。由于其姿态高雅，又占空间较少，常置客厅墙隅，或沙发旁等处。

金心龙血树 *Dracaena fragrans* 'Massangeana'，为香龙血树的园艺变种。 **别名：**金心香龙血树、金心巴西铁、斑叶千年木、花叶龙血树、金心竹蕉，日名缟千年蕉。因酷似玉米植株，英文名为玉米树

产地：非洲东北部的埃塞俄比亚等地。

形态：常绿乔木，高达5～6米。株形整齐，通常无侧枝，单干直立生长。树皮黄白色。叶片长椭圆状披针形，长40～70厘米，宽5～10厘米，叶面向下拱形弯垂，绿色，有光泽，群生于茎端，无明显叶柄。其特点为在叶片中央具1条2～3厘米宽的金黄色直条纹。

养护：喜光，但忌阳光直射，时间过长的强日照，会使叶片变黄，叶片中间的金黄色条纹不明显。耐荫性强，但过于荫蔽时，叶片的金黄色部分会变淡褪色，从而影响观瞻。生长期间要保持盆土湿润，过湿对根系的生长不利。空气湿度要求80%以上，夏秋高温季节要经常向叶面及周围环境喷水。施肥要注意氮、磷、钾的配合，氮肥过多，也会导致叶片黄色条纹褪色而变成绿色。生长期间可喷洒0.1%尿素和0.2%磷酸二氢钾，可使叶色鲜丽。

金心龙血树

用途：色彩亮丽，且具南国之风韵，因而是目前最流行的龙血树种类。可单株种植，也可作3柱栽植，置放位置可参见龙血树。金心龙血树的叶片也是很好的插花材料。

金边龙血树 *Dracaena ragrans* ‘Victoria’，为香龙血树的园艺变种。 **别名：** 金边巴西铁、金边巴西木、五莲千年木、金边竹蕉、虎斑木，日名覆轮千年木

产地： 非洲热带地区。

形态： 常绿乔木。叶形、株形酷似金心龙血树，只是其叶色特征与金心龙血树相反，即叶片中央是绿色，而在叶片两侧具2～4厘米呈带状的黄色条纹，但颜色稍浅，叶缘具波浪状起伏。成熟后开花，花浅紫色，晚上有香味。

养护与用途与金心龙血树相似。

用于插花的金边龙血树

锦龙血树类

锦龙血树 *Dracaena deremensis* **别名：**德利龙血树

产地：非洲热带地区。

形态：常绿乔木，高可达5米。叶片长约50厘米，宽约5厘米，深灰绿色。是龙血树属中最受欢迎的观叶植物之一，有很多品种。

锦龙血树

银线龙血树 *Dracaena deremensis* ‘Warneckii’

别名：银边铁、银纹锦龙血树、白边竹蕉、富士铁树、银线竹蕉、白纹龙血树、玉缟龙血树、缟叶竹蕉、白边千年木

形态：常绿乔木。植株较低矮，原产地可高达2～4.5米。无侧枝，直立生长。新叶从顶部向四面伸展，叶片从基部一直到端部密集着生，全缘。叶较龙血树小，呈长披针形，长20～50厘米，宽3～5厘米。无叶柄，叶片直接着生于茎部，亮绿色的叶片边缘及中央分布有几条白色的纵条纹，其中以边缘两侧的条纹较宽。新叶的条纹尤为鲜艳。

养护：耐荫性好，但适当的光照能使叶色更亮丽。夏季需遮去直射阳光，否则叶片会被灼伤。生长速度快，较耐肥，生长季节每半月施1次肥料。但忌偏施氮肥，否则会使叶色变绿，因此应注意磷钾肥的配合。抗寒性较强，但低于8℃时会受寒害。夏季应注意及时浇水，供水不足时会引起叶片凋萎，并失去光泽。为了促使枝叶丰满，可于春季摘1次心。

用途：银线龙血树株形整齐，叶色绿白分明亮丽。因植株较低矮，宜置窗台几桌之上，可给人以恬静悠闲的感觉。

香龙血树、锦龙血树与袖珍椰子、琴叶喜林芋等组合绿饰

白纹龙血树 *Dracaena deremensis* 'Longii' **别名：**银心锦龙血树、白纹竹蕉、白纹朱蕉

产地：非洲。

形态：常绿乔木，单干直立或少有分枝。叶长披针形，簇生抱茎，无叶柄。新生叶直立，成熟叶片向下垂弯。浓绿色，有光泽，叶缘为绿色，中部具白色阔斑条，宽度约占叶片的1/3～1/2。

养护与用途：与银线龙血树相似。较耐荫，极适宜于室内养栽。

银道锦龙血树 *Dracaena deremensis* 'BauBei'

形态：常绿乔木，与白纹锦龙血树相似，但中部的白色阔条斑中常有绿色纵条纹分隔。

养护与用途：与银线龙血树相似。

银道锦龙血树

银边锦龙血树

Dracaena deremensis 'Souvenir de Aug.Schryver'

形态：常绿乔木，与白纹龙血树相同，但叶缘为乳白色，中部为绿色。

养护及用途：与银线龙血树相似。

银边锦龙血树

黄绿纹龙血树 *Dracaena deremensis* ‘Roehrs Gold’。为枝条的变异种。**别名：**黄绿纹朱蕉

形态：常绿乔木，单干直立，叶片密生于茎梢，长披针形，长30～50厘米，宽4～5厘米，先端渐尖，叶片中央浓绿色，叶缘为黄色镶边，在黄绿之间又有白色的细条纹。叶自然下垂成弯弓形，有光泽。

黄绿纹龙血树

养护及用途：与银线龙血树相似。

太阳神 *Dracaena deremensis* ‘Virens Compacta’

别名：密叶锦龙血树、绿密叶龙血树、密叶竹蕉、密叶朱蕉、密叶龙血树、阿波罗千年木

产地：我国及东亚热带地区。

形态：常绿小乔木，矮生种。茎直立，无分枝，叶片密集轮生，节间极短。叶片长椭圆形，褶皱，长10～15厘米，宽3～5厘米，亮浓绿色，全缘，叶柄极短。叶片自茎向上斜展，使整个植株的形态呈柱状。

养护：喜高温高湿与半荫条件。适宜的生长气温为22～28℃，安全越冬气温为8℃。耐荫性强，久置室内，叶片能保持浓绿不变。忌阳光直射，光照强度以日照的50%～70%为好。有一定的抗旱性，浇水不可过多或忽干忽湿，否则会使叶尖变成褐色。高温期间若空气过于干燥，容易引起叶片焦尖，除注意及时浇水外，还应经常向叶面喷洒水分。由于生长缓慢，需肥量不多，生长时期每1～2个月施1次腐熟的

太阳神

饼肥水。喜排水良好、富含腐殖质的壤土。

用途：太阳神株型小巧紧凑，叶片层层叠翠，叶色深绿油亮，为室内绿化装饰的珍品。可单独置于窗台、茶几和书桌等处观赏，也可成列置放于花槽内布置。

黄纹密叶龙血树 *Dracaena deremensis* 'Virens Compacta Variegata'

形态：常绿小乔木，与太阳神相同，但叶片有黄色条纹。养护及用途与太阳神相似。

富贵竹类

金边富贵竹 *Dracaena sanderiana* **别名：**镶边竹蕉、仙达龙血树、竹叶龙血树

产地：非洲西部喀麦隆及刚果一带。20世纪80年代大量引进我国，并在国内大量栽培。

形态：常绿灌木，植株直立细长，高1.5～2米。一般不分枝，但茎基部容易萌生分蘖。茎有节如竹，黄绿色。叶片卵圆状披针形，叶端渐尖，长12～22厘米，宽1.8～3厘米，绿色，沿叶边镶有黄色纵条纹，故名。叶柄鞘状。

养护：金边富贵竹喜高温和半荫环境。越冬温度需保持在10℃以上，温度低时，叶片会泛黄凋落。夏季忌阳光直射，否则会灼伤叶片，叶片变黄褪绿，并使叶面变得粗糙，缺乏光泽，降低观赏价值，4～9月期间宜适当进行遮荫。但需尽量多接受充足的散射光，光照不足时，彩色的条纹会变淡，从而不利于观瞻。喜湿润的环境，空气过于干燥时，会引起叶尖枯焦，宜经常向植株及周围环境喷洒水分。耐涝，生长期间要保持盆土充分湿润，过干时叶尖会干枯。越冬时则需控制水分，只要使盆土稍为湿润便可。种植的介质要求疏松、肥沃和排水良

金边富贵竹

金边富贵竹

好。茎干过长时易产生倾斜或侧伏，可进行适当短截，让剪口处萌发新枝，以降低高度，并使植株更为丰满。

用途：金边富贵竹亭亭玉立，姿态秀丽优雅，四季鲜丽苍翠，不但富有竹之韵味，还寓富贵长寿之意。置于几桌，可为居室增添不少生气，并盈溢瑞祥之气。

富贵竹 *Dracaena sanderiana* 'Virescens'。为金边富贵竹的芽变品种。 **别名：**绿叶仙达龙血树、万年竹、状元竹、万寿竹、绿竹叶龙血树

形态：常绿灌木，植株细长，高可达1米，茎粗1厘米，直立而不分枝。叶片长披针形，浓绿色，长18～20厘米，宽4～5厘米。叶柄鞘状，紧密抱合茎干，约10厘米长。

养护：富贵竹根系发达，生长迅速。夏秋高温时需适当遮荫。生长期间需湿润的环境，应充足浇水，不让盆土干燥，并经常喷洒叶面水。对温度的要求不高，能耐2℃的低温。

用途： 与金边富贵竹相似。

富贵竹

银边富贵竹 *Dracaena sanderiana* ‘Margaret’

形态：常绿灌木，植株较矮，茎直立，一般高20～30厘米。叶片长披针形，长12～22厘米，宽1.8～3厘米，绿色，叶边镶有银白色纵条纹。

养护：同金边富贵竹。

用途：银边富贵竹的株型小巧，色彩素雅，宜置放于卧室、书房的桌几等处。

银心富贵竹 *Dracaena sanderiana*‘Margaret Berkery’，是金边富贵竹的栽培品种。 **别名：**银心竹叶龙血树

形态：常绿灌木，茎干粗壮，直立而挺拔，节间较短，不分枝。在叶面的中央镶嵌有银白色的纵条纹。

养护及用途：和金边富贵竹相似。

银边富贵竹

百合竹类

百合竹 *Dracaena reflexa* **别名：** 曲叶龙血树

产地： 马达加斯加、毛里求斯及印度等地。

形态： 常绿灌木状，株高可达 9 米，能自行分枝，茎干

百合竹

较纤细，长高后茎干易弯斜。叶剑状披针形，长10～15厘米，宽2～3厘米，无柄，丛生于茎端，革质，叶色浓绿，富有光泽。叶与富贵竹相似，但叶片向下弯曲，而且节间较短，使叶片显得十分密集。

养护：性喜高温多湿的气候。生长的适宜气温为20～28℃，冬季越冬气温应不低于10℃，温度稍低和空气干燥，都会引起叶尖干枯。耐荫性强，虽在全日照或半日照条件下均能生长，但在遮荫50%～70%时生长最好。对水分的要求不严，耐旱也耐湿，但适宜生长于湿润而排水良好、富含有机质的沙质壤土。喜湿润的环境，在空气湿度高时生长旺盛，生长期间宜多向叶面及周围置放地点喷洒水分；并每半月施用1次肥料。

用途：百合竹枝叶茂盛，且叶片能长久完好地留存在长长的枝干上，常可给人以生命常青的感觉。而且由于耐荫性强，十分适宜室内置放，因而是印度和泰国等国家最受欢迎的盆栽观叶植物。由于植株较高大，一般适宜厅堂的布置。

黄边百合竹 *Dracaena reflexa* 'Variegata' **别名：**斑叶反折密叶龙血树、黄边短叶竹蕉、黄边短叶朱蕉、金边曲叶龙血树

产地：印度、斯里兰卡。

形态：常绿灌木状，植株直立，常具大量分枝。茎干抽长后，常呈波状弯曲。叶片披针形或阔线形，长10～20厘米，宽2.5～3厘米，轮状密集着生于茎上，先端渐尖，基部渐狭，全缘，略扭曲，并向下弯曲，浓绿色，叶缘乳黄色至金黄色。生长极缓慢，10年时间约能长高至3米。

养护：喜凉爽湿润半荫环境。适宜的生长气温为16～26℃，耐寒性较差，安全越冬气温应在8℃以上。喜充足的散射光，在

过荫时，黄色的条纹会褪色，甚至变成绿色。浇水应掌握“不干不浇，浇则浇透”的原则。生长季节应勤喷叶面水，并每月施1次肥料，施肥除施用氮肥外，应配合施用磷钾肥，可使叶色更为鲜艳明亮。

用途：黄边百合竹自下而上密生叶片，形态美观，而且叶色秀丽鲜艳，被誉称为“印度之歌”。宜布置窗台、案几等处。

黄边百合竹

中黄百合竹

Dracaena reflexa ‘Song of Jamaica’ **别名：**金心曲叶龙血树

形态：常绿灌木状，植株多分枝，枝纤细而长，上面密生披针形叶片，叶片不卷曲，略向下垂弯，浓绿色，在叶缘镶有金黄色条纹。

养护及用途：和百合竹相似。

中黄百合竹

线叶龙血树类

线叶龙血树 *Dracaena marginata* **别名：** 红边竹蕉、红边朱蕉、缘叶龙血树、红边千年木、马尾铁、剑叶铁树、马尔加什龙血树

产地： 马达加斯加。

形态： 常绿灌木状，单干直立，茎干纤细，截干后多有分枝，高可达5米。是龙血树属中叶片最细的种类，叶片长披针形，长20～50厘米，宽1.5～2厘米，叶中间浓绿色，有光泽，叶缘有鲜红色或紫红色条纹。没有叶柄，簇生于茎端，新叶向上伸长，老叶则呈悬垂状。

养护： 性喜高温多湿气候。生长适宜气温为20～28℃，越冬气温应不低于8℃，低温时常会造成叶片枯焦。在全日照、半日照条件下均能生长，但夏秋高温时宜进行遮荫，遮荫以全日照的50%～70%为宜，或置于室内散射光充足之处。生长季节应充分供给水分，经常向叶面喷洒水分，并每半月追施1次肥料。

用途： 线叶龙血树树形优雅，叶片纤秀而色彩鲜丽，又耐半荫，在广州有比较悠久的栽培历史。大的植株可布置厅堂的角隅与沙发旁，小的植株宜3～4株合栽，布置窗台及几桌等处，都十分相宜。

线叶龙血树

三色线叶龙血树 *Draceena marginata* ‘Tricolor’。为线叶龙血树的栽培变种。 **别名：**三色缘龙血树、彩纹竹蕉、五彩竹蕉、三色竹蕉、三色细叶千年木

形态：常绿灌木状，株形与叶形和线叶龙血树相同，但叶面有白绿交杂的线条，叶缘镶着玫瑰红色的细边。是龙血树属中独具特色的品种。

养护：生性强壮，喜高温和明亮散射光，光照过强或过弱，都会使叶色褪淡。在室温25℃时，可终年迅速生长。养护与线叶龙血树相同。

用途：三色线叶龙血树株形挺拔，叶面上乳白色的条纹镶嵌于叶片的绿色与红色的条纹之间，其色美如彩虹，鲜艳夺目，因而是龙血树属中最具姿色的种类。用途同线叶龙血树。

三色线叶龙血树

三色彩虹龙血树

三色彩虹龙血树 *Dracaena marginata* 'Tricolor Rainbow'。为细叶龙血树的栽培品种 **别名：** 彩虹竹蕉

形态： 常绿灌木状，中脉淡绿色，两边鲜艳的红色。

养护与用途： 同线叶龙血树。

星点木类

星点木 *Dracaena godseffiana* **别名：** 星千年木、星斑千年木、星点千年木、吸枝龙血树、星龙血树、银星龙血树

产地： 非洲的刚果民主共和国、几内亚等地。

形态： 常绿小灌木，是龙血树属中比较特殊的一类植物。根系极细小而不发达。由植株基部长出数根干茎，茎干细如金属丝，青灰色。由于叶片成对或3～5叶近轮生，所以常容易被人误认作双子叶植物，并很难把它与龙血树属植物相联系。茎上并非每节都长叶片，常常距5～7节才长有1片叶片，从而出现“海节”现象，只是从着生其上的叶鞘脱落而显露出来。叶片长椭圆形，长约8厘米，宽约5厘米，浓绿色或橄榄绿色。叶面上密布黄色至乳白色的小斑点，薄革质，叶能分泌乳汁。幼龄植株即能开花，花期5月，总状花序，小花长筒状，黄绿色，略带香味。花后能结红色球形浆果。

养护： 喜高温多湿环境。生长的适宜气温为16～25℃，安

星点木

星点木

全越冬气温为13℃。喜明亮的散射光，可使叶色保持鲜艳，光照以全日照的50%～70%为宜。忌烈日暴晒，光照过烈会使叶片灼伤枯焦。又忌过阴，否则叶片的色彩会褪色。春秋时要给予适当的光照，可提高观赏性。具有一定的抗旱能力，浇水应掌握“不干不浇，浇则浇透”的原则，过湿会导致烂根掉叶。因生长缓慢，需肥不多，每年在生长期间施肥2～3次。施肥应考虑氮、磷、钾的配合，单纯施用氮肥，叶片会长得过于肥大，且美丽的斑纹会变成绿色。施用饼肥可促使叶色光泽美观。喜富含有机质、排水良好的腐叶土或沙质壤土。

用途：布置窗台与几桌，可增添不少生气和色彩。星点木的切枝亦是很好的插花材料。

白星龙血树 *Dracaena godseffiana* ‘Florida Beauty’。**别名：**佛州星点木、佛罗里达美女、银斑星龙血树

形态：常绿小灌木，与星点木相似，但浓绿的叶面上散布着既大又多的白色或乳黄色斑点。

养护及用途：和星点木相似。

中道星点木

中道星点木

Dracaena godseffiana 'Friedmanii Milky Way'。为星点木的栽培品种。**别名：**银心星龙血树、福利德星点木

形态：常绿小灌木，与星点木相似，但叶片中央具一条乳白色的斑带，斑带中间宽，两端尖，约占叶面的1/3左右。

养护及用途：与星点木相似。

其他龙血树

剑叶龙血树 *Dracaena cochinchinensis* **别名：**柬埔寨龙血树

产地：我国云南、广西西部及越南、老挝。

形态：常绿小乔木状，茎粗大，多分枝，株高可达3米。树皮灰褐色，片状剥落。幼枝有环状叶痕。叶剑状线形，粉绿色，薄革质，簇生于枝的顶端，基部抱茎。3月开花，圆锥花序，花序轴密生乳头状短柔毛，花乳白色，2～5朵簇生。果期7～8月，浆果球形，橘黄色。

养护：性喜高温，生长的适宜气温为20～30℃。畏寒冷，冬季越冬气温应不低于5℃。喜充足阳光，不耐荫。生长时期应充分供给水分，并每1～2个月施1次肥料。喜肥沃和排水良好的沙质壤土。

用途：可作大型盆栽，因喜充足阳光，宜置门外进口两侧或布置庭园。

虎斑龙血树 *Dracaena goldieana* **别名：**虎斑巴西铁、虎斑千年木、虎斑木。

产地：尼日利亚、几内亚。

形态：常绿灌木，高可达3米。茎纤细直立，可产生大量分枝，或从基部萌生分蘖。叶片卵形至长卵形，深绿色，长10～23厘米，宽7.5～13厘米，全缘，薄革质，具长柄，呈螺旋状生于茎干上。叶面具与侧脉平行的横向粉绿色至银灰色斑纹，因形似虎斑而得名。其叶片与虎尾兰十分相似，但虎斑龙血树为小灌木，叶片具纤细的长柄，并螺旋状着生于枝条上；而虎尾兰为肉质草本植物，叶片在基部簇生，不具地上茎，仅有根状茎。花白色，夜间开花，有香气。

养护：生性娇嫩，养护较困难。喜温暖高湿环境。生长的适宜气温为16～26℃，安全越冬气温为8～10℃。喜稍荫的环境，忌阳光直射，在60%日照时生长良好。忌湿涝，否

虎斑龙血树

则易导致烂根而引起植株死亡。但喜较高的空气湿度，应经常向枝叶与周围环境喷洒水分。

用途： 虎斑龙血树为非常美丽的观叶花卉，其叶片的斑纹如虎斑，十分典雅别致，故有“龙血树女王”的美称，置于案几和窗台等处，可具赏心悦目之效。虎斑龙血树的园艺品种有‘皇后’虎斑龙血树(*Dracaena goldieana* ‘Queen of Dracaenas’)。

绿叶龙血树 *Dracaena concinna*

形态： 高可达3～4米，茎细。叶细长，剑形，长15～60厘米，宽1～2厘米，绿色。

养护： 喜高温多湿气候，夏秋高温期间宜置半荫处，冬季要控制浇水。

长柄龙血树 *Dracaena thalioides* **别名：** 长柄竹蕉

产地： 斯里兰卡及热带非洲。

形态： 株形直立，高约1.5米。叶片剑形，绿色，革质。细长而具沟的叶柄紧密抱茎，使整个叶片近直立。花白色，较小，花瓣外侧有红色彩晕。

长花龙血树 *Dracaena angustifolia* **别名：** 狭叶龙血树、番仔林投。

产地： 马来西亚、菲律宾与印度等地。

形态： 株高3～5米，多分枝，丛生状。茎较细，直立。叶线形，长15～25厘米，宽0.5～1厘米，弯曲而呈下垂状，浓绿色，富光泽，无叶柄，以叶鞘旋叠式生于茎上。圆锥花序密生于茎端，花绿白色。浆果橙黄色。栽培品种有金边长花龙血树(*Dracaena angustifolia* ‘Honoriae’)。叶缘奶黄色。

养护： 对环境的要求不苛刻。性喜高温，生长的适宜温度为20～28℃。在全日照及半荫条件下都能生长良好。每月施1次肥料。成形植株的株形容易长得散乱，应进行整枝。老化而生长势变得衰弱时，可进行强截更新。

油点木 *Dracaena surcnlosa* ‘Maculata’ 为栽培种

产地： 非洲。

形态： 茎干细长而直立。叶片长椭圆形或披针形，长10～20厘米，宽2～4厘米，对生或轮生，较薄，浓绿色的叶面上布满淡黄色的油点，无柄。花小，白色。

油点木

繁　殖

龙血树类

龙血树类植物多用扦插的方法进行繁殖，根据扦插材料粗细的不同，可分为细枝扦插和柱状扦插两类。细枝扦插一般结合修剪进行，当龙血树长至一定高度时，由于下部的叶片脱落而使株形变得空秃，从而影响植株的观赏效果，这时，应将过高的部分截下进行扦插。先将枝条截成需要的长度，然后进行扦插。扦插用的基质应注意清洁，以免导致插穗腐烂。扦插的插穗可直立扦插，也可将插穗横向埋入基质中。如直立扦插，应在枝条剪截时做好记号，以免上下端搞错。因为龙血树茎干的粗度上下相似，由于植物具有极性现象，如将上端插下时，即会影响其生根与成活。龙血树插穗若经生长刺激素处理，可提早生根，一般可用1000毫克/升的萘乙酸溶液速蘸，或用100毫克/升的APT生根粉处理。龙血树的生根需要较高的温度，气温低于15℃时，即不利于生根与成活。在保持25～30℃气温和湿润环境下，约1个月可萌发新根。

柱状扦插是指利用茎粗6～10厘米，甚至10厘米以上的龙血树树段进行扦插。龙血树的树段通常从斯里兰卡等地运来，一般多为5英尺(约1.5米)1条，以5条为1捆，下部常用保鲜防腐剂包裹，上部则用蜡封口作防腐。扦插用的树段应保持新鲜，新鲜的树段其皮色为鲜嫩的浅黄色。贮存较久

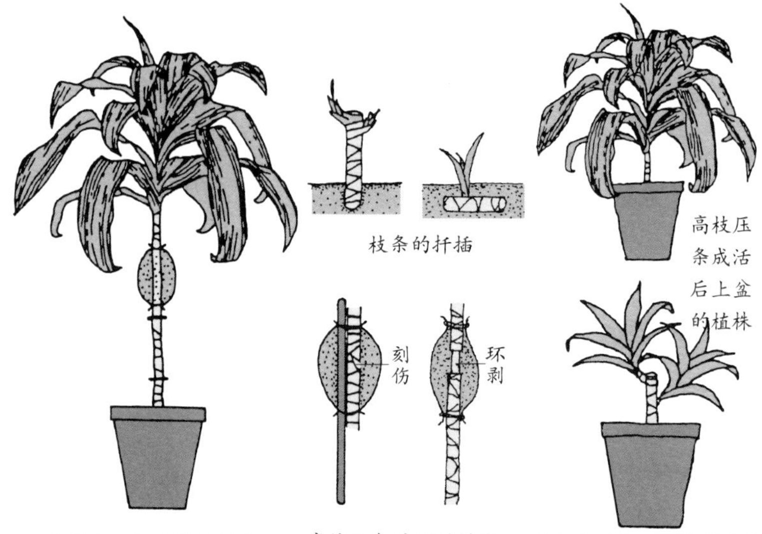

龙血树老枝的更新修剪、高枝压条与扦插

的树段由于水分损失较多，从而会影响扦插的成活。对运来的树段，要及时进行裁截，裁截时应根据栽植组合的需要，以尽量少锯截，并便于成活后的组合栽植为原则。也可将树段裁截成较短的长度，作单干栽植或水养用。切割数量多时，为了提高工效和保持切口平滑，应选用电动锯切割。切割的锯片要选择薄型的，以免浪费材料。锯截时，要在树段上打上记号，以分清上下端。新锯截的截口要进行处理，截口上端要封蜡，以减少水分蒸发和病菌侵染，材料用工业石蜡即可。由于树段较重，在运输和搬运中，难免受到损伤，当上端切口原封蜡的部分碰伤时，要对伤口重新上蜡，以免细菌从伤口侵入而导致皮层霉坏，从而成为废棍。下端的切口稍干后，应用75%百菌清可湿性粉剂、50%甲基托布津或灭病威600～800倍液，对切口和棍身进行消毒。扦插的基质通常用粗粒的干净河沙，沙床深度约30厘米，扦插前也要用百

其他龙血树

通常都可用扦插法繁殖。

剑叶龙血树还可用播种法繁殖。在老龄植株上采集种子后，于春季进行播种。

造　型

龙血树类

龙血树类的造型，主要用高低不同的3根龙血树柱组合栽植的方法。这种种植方法把整个盆栽的叶片分为3层，不但能表现树种本身的典雅和秀美，还可使整个盆栽显得绰约多姿，层次丰富，因而成为目前龙血树类植物栽植最主要和最为流行的种植形式。

三柱龙血树的种植，通常在龙血树柱扦插生根成活后进行。当扦插的龙血树柱萌发的新枝芽长至5～10厘米时，即可进行组合上盆。新芽过短时根系尚未长成，且还没有形成初步的观赏效果；新芽过长时则容易在操作时碰断夭折，而且根系过长，不利于操作，所以都不宜上盆。

三柱龙血树的种植

种植的基质宜采用疏松、排水良好、具有一定保水保肥能力的土壤。一般可用6∶4的椰糠和河沙；或用1∶1的泥炭和河沙；也可用7∶3的山泥和砻糠灰(珍珠岩)混合配制而成。因龙血树的

树身比较高大，种植三柱龙血树的花盆，应选用高身的白色塑料盆。

三柱龙血树种植时，先种植最长者(一般为1.5米)，稍加土固定后再种中间者(一般为1米)，然后种最短的（一般为0.5米)，最后加土揿实固定。种植时要注意顶端枝芽的位置，枝芽应面向外侧，以利于枝芽的生长和观赏。种植后要用塑料绳将3根龙血树柱及盆子绑扎牢固，以免摇摆影响植株的生长，也利于搬动和运输。上盆1个月后，即可施用饼肥或复合肥。

龙血树除了3柱组合外，还可4柱组合和5柱组合，但以3柱组合为主。

①

②

③

④

⑤

⑥

⑦

⑧

龙血树的组合盆栽

富贵竹类

富贵竹最常见的造型，是将富贵竹加工制作成一座座塔形，台湾商人给它起了个吉利的名字——“开运塔”，意思是这种造型的富贵竹能给人们带来好运。在东南亚及美国的华人，都以家里拥有一个“开运塔”为荣。目前，在国内用“开运塔”在宾馆、商店和家庭作绿化装饰的越来越多，并被平常百姓所喜爱。“开运塔”又称“开运竹”，通常为3～18层，以3层与5层最多，4层的则少见。共有15种，其中以18层的价格最高。当“开运塔”的一根根枝条长出圆锥形的嫩芽时，形成的一圈圈青青的绿叶，如同一层层的塔檐，充满着勃勃的生机，煞是好看。

制作“开运塔”的时间较长。在广东，冬季要2个月；夏季的时间短些，约15～20天。制作前先要让富贵竹生根发芽，即将种植在大地里的富贵竹连根拔起；或采购叶色青绿、茎干粗壮、大小匀称一致的材料，去掉叶片，洗净消毒后，按需要的长度进行剪截。截料时要根据设计的高度和层次，事先计算出各层所需材料的长度和数量，然后分别进行剪截。截料时要注意每根茎段的上端必须带节，这样可以使节上的芽眼长出枝叶，以形成活的宝塔。顶部的剪口应位于茎节上面的6毫米处，各根枝干要保持一致，以确保发芽时高度的划一和整齐。

开运塔（3层）

开运塔

截好材料后，将枝段按长度分别放入一个长2米、宽1.2米的铁皮盘子里，盘子里盛满水，让富贵竹枝段在水里生根发芽。当养出枝芽并生根后，即可用于扎塔。

扎塔时，先截锯一段直径2.5厘米，与最高一层枝段等长的塑料圆筒作塔的圆芯，或用竹管替代；再用最长的富贵竹茎段围绕塑料圆筒排列一圈，用塑料线缚紧，形成最高的一层塔层；然后再在外面用次长的富贵竹枝段围绕第一层富贵竹排列一圈，作第二层，也用塑料线缚紧；如此一层一层从高到低逐层排列绑扎，至最底下的一层富贵竹绑扎结束，“开运塔”的制作便告完成。每个“开运塔”制作所用的富贵竹粗度要一致，排列时要注意枝芽向外，每层的茎段高度要整齐划一。

开运塔

“开运塔”上市或用于摆设时，可用金色的纸条粘贴在缚线的外侧，或用金纸条绕在金属丝外后，在缚线处

紧绕2～3圈。不但可提高观赏价值，而且还可增添不少富贵之气。如果在塔身中间再装饰一朵红色丝带扎成的花饰，则红花绿叶相互映衬，可更显鲜艳夺目，喜气横溢。

市场选购“开运塔”时，第一要检查枝段是否有根，因为无根的茎段容易干枯死亡。第二要检查是否夹杂枯死的枝段，夹杂枯死枝段的“开运塔”会影响观赏的效果。第三要检查顶芽是否损伤和是否整齐，以顶芽完整且生长整齐划一的为好。买回的“开运塔”只要放入一个大小适宜的浅盆，注入清水即可。

近年来，市场上还推出一种富贵竹新的造型——“时来运转”，即在富贵竹的幼嫩枝干上，用细绳人工作弯，并使其成为龙游之状。待形状固定后，放入水盘中让其生根发芽，最后用不同高度的富贵竹组合成数层呈转盘状的造型，也可组合成单层的造型。

台湾市场还有一种名为“东方不败”的造型，即外面用等长的枝段围成圆柱，中间装饰数根盘龙状造型的富贵竹，也另有一番情趣。

富贵竹造型

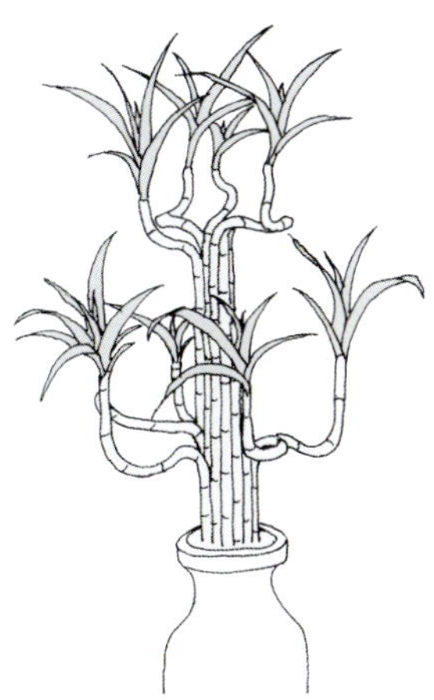

富贵竹“时来运转”造型

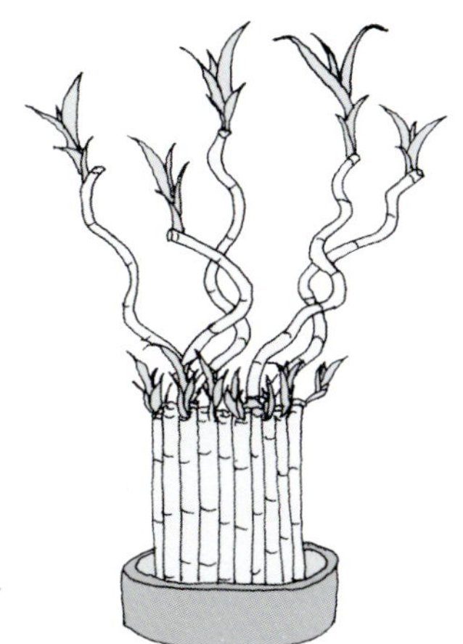

富贵竹“东方不败”造型

龙血树的水培

龙血树的水培，就是以水为基质，将龙血树植株直接栽在盛水的器皿里，或在龙血树生长时施以所需要的营养元素，以供居室绿化装饰的一种栽培方法。

龙血树类植物可将柱状的树干锯成10～20厘米长的茎段，上端为了防止水分蒸发，应上蜡防护，然后置盛水的器皿中。不久便能在下部生出新根，并在上端萌芽抽枝，形成良好的观赏效果。水栽龙血树柱主要靠茎段本身贮存的养分生长，通常约有2～3年的寿命。第1年生长最为强盛，第2年随着养分的逐步消耗，原来坚实的茎段会逐渐变软，树皮浮松，叶片也由绿变黄，丧失观赏的价值。但如将其及时栽入土中，则可继续生长观赏。

对截干更新的龙血树类带叶枝端，可进行水插，插入水中后，1个月左右萌发新根并长出新叶，不带叶的则需2～3个月后生根萌叶。龙血树的根系略带黄色或橙色，如置透

水插龙血树

明的玻璃瓶中，橙黄色的根系与地上部的叶色相映，十分好看。线叶龙血树类植物也可结合更新修剪，将短截的枝条进行水插。

富贵竹类植物是最适宜水养的种类之一，香港、澳门、广东等地的居民，都喜欢在家中插几枝于瓶中观赏。水栽富贵竹时，可剪取长短合适的枝条插于水中，插穗的下端应剪成斜形，以利水分的吸收，插后10多天可萌发新根。金边富贵竹的根系呈橙黄色，十分美观，置于几案，可为居室增添不少生气。

有些龙血树属植物还可用盆栽洗根的方法进行水培，即将盆栽的植物，用水洗净根上的泥土或其他基质，然后进行水培。适宜盆栽洗根的植物有富贵竹、太阳神、星点木等。

龙血树属植物的水培是否能够成功，最关键的一条措施就是换水，特别在水插和盆栽植株洗去泥土而水培时更是如此。因为植物的根系在生长的过程中，会不断地进行呼吸作用，消耗水中的氧气，水中的氧气就会日渐减少，从而对植株的生长产生影响，甚至导致水培的失败。龙血树属植物在水培时，除水插和盆栽洗根水培时需天天换水外，对于已在水中生根并适应水培条件的植株，应根据季节的变化，调节换水间隔的时间。由于水中的溶氧量与气温的高低呈反比例的关系，即气温越高，水温越高，水中的溶氧量就越少；气温越低，水温越低，则水中的溶氧量就越高。而植物对水中溶氧量的消耗则与温度呈正比例的关系，即气温和水温越高，植物的呼吸作用越强烈，消耗水中的氧也越多；气温和水温越低，植物的呼吸作用越微弱，消耗水中的氧也就越少。同时，气温高时微生物的繁殖迅速，容易引起水质的变劣。所以，气温高时换水宜勤，气温低时，换水的间隔时间则可长些。一般来说，夏季3～5天换1次水，春秋季5～7天换1次

富贵竹

水，冬季换水的时间可长些，约10天左右换1次水。换水时，应用清水冲洗植株的根部，并用手洗去根部的黏液，同时剪去老化的根系和烂根。置于光照比较充足之处的水培龙血树，器皿上容易长出青苔，也应将青苔洗刷干净。

植物的根系除具有固定、吸收水分和养分等作用外，还有吸收基质中缺少的氧气的作用。所以，在换水和加水时，千万不能把水注得太满，要让一部分根系露出水面。这样，除了可以让根系吸收水中的溶解氧外，还能让露出水面的根系吸收空气中的氧气。因为只有充分地满足龙血树在生长发育中对氧气的需要，才有可能使植株正常、健壮地生长。

与用其他基质栽培一样，要使水培的龙血树正常地生长发育，施肥是一项十分重要的工作。虽然加入的自来水中也含有一定数量的矿质元素，但对龙血树的生长需要而言，这些营养是远远不够的。为了保证龙血树的良好生长，必须及时根据植株生长发育的需要补充营养，按时进行施肥。

水培龙血树的施肥，应施用无土栽培的营养液。无土栽培的营养液根据植物所需养分的比例浓度和酸碱度配制而成，除含有植物生长所需要的大量元素外，还含有植物需要的微量元素。所以，对于一般养花爱好者来说，是难以自行配制的。对水培龙血树施肥时，最好使用栽花卉的专用营养液。施用营养液时，应严格按照说明书上的要求，切勿随意盲目施用，以免施肥过浓而引起肥害。

水培龙血树的施肥，宜在其旺盛生长的春秋季进行。冬季时，龙血树已进入休眠期，一般不需要施肥。夏季高温时，龙血树的生长比较缓慢，对肥料的适应性降低，也应停止施用肥料，以免对植株产生伤害。绿叶类的龙血树施肥，以氮肥为主，辅以磷钾肥。叶片具彩色斑点和条纹的龙血树种类，则应适当多施磷钾肥，以使色彩更为鲜艳。施肥还可利用植物叶片能吸收养分的特点，进行根外追肥。即用喷雾器将稀释的化肥直接喷洒在龙血树的叶面上。可以弥补根部吸收养分的不足。如果叶片的斑纹变浅时，在叶面喷施 0.2% 磷酸二氢钾溶液，可使植株恢复原有的鲜艳色彩。但切忌在水中施入尿素。尿素是一种人工无机合成的有机肥料，由于水培属无菌或少菌状态栽培，所

富贵竹

以若加入尿素，龙血树不但不能吸收所需的营养元素，而且会使一些有害的细菌和其他微生物从尿素中得到有效的碳源而快速繁殖，从而引起污染。而且尿素还会带来氨气侵害或铵根离子过剩的危害，从而使植株中毒。

由于龙血树的生长环境喜较高的空气湿度，可经常向植株的叶面喷水，以提高室内的空气湿度，从而促进其正常的生长。置于空调居室内的水培龙血树，尤其要注意提高空气湿度。

龙血树组合盆栽

病虫害防治

茎腐病

是由根串珠霉引起的病害，常发生于高温高湿的季节。发病时在韧皮部形成不规则的黑色病斑，病斑上有灰白色或黑色霉层。严重时韧皮部全部剥离、黑腐。受害木质部呈水渍状，微褐色。病菌侵入木质部后迅速上下发展，使腐烂部分扩大，并在伤口处形成大量的黑色霉层。发病以茎干在盆土交界处为多，常导致植株产生腐烂而枯死。症状也可发生于叶片上，常先从叶缘或损伤处出现褐色小病斑，后扩展成黑褐色不规则长形斑，边缘水渍状。潮湿时发生尤为迅速，严重时会引起叶片枯死。发病时可喷用75%可湿性百菌清600倍液，或70%可湿性甲基托布津1000倍液加以防治。在高温高湿时，应加强空气的流通。

叶斑病

叶面上产生不规则亮褐色斑点，斑点周围呈堇紫色，带小黑点。防治方法同茎腐病。

炭疽病

一般危害富贵竹的叶尖，使叶尖成为灰白色，并不断扩展，边缘有褐色斑纹，从而严重影响生长与观赏。平时应加强养护管理，防止烈日暴晒。发生时应及时剪去病叶销毁，并喷用50%托布津或75%百菌清可湿性粉剂800～1000倍液防治。

红蜘蛛

红蜘蛛吸食龙血树叶片的液汁，使叶面出现灰白色的斑点。严重时叶色转黄，有斑纹的种类色彩变淡，树势变劣，严重影响植株的观赏性。红蜘蛛个体极小，体长一般在0.3毫米左右，肉眼难以看出。红蜘蛛每年发生7～14代，6～8月的高温低湿时，繁殖尤快。发生时可用7051杀虫素(灭虫灵)300倍液、哒嗪酮(速螨酮)1000倍液等药物杀灭。

蔗扁蛾

蔗扁蛾为鳞翅目辉蛾科扁蛾属，是广谱多食性害虫，它的寄主植物已达到24个科56种，曾在全世界20多个国家和地区的香蕉、甘蔗和龙血树上造成重大灾害，所以又称为“香蕉蛾”。近年来从国外进口龙血树柱时带入，现已造成较严重的损失。蔗扁蛾的幼虫常在龙血树的皮层内进行蛀食，受害轻时出现虫道，并有少量粪屑排出；严重时将内表皮食空，从而使表皮与木质部分离，用手按压表皮时，有松软的感觉，剥开皮层，可见其间仅留下排泄的粪屑，从而造成危害部分的腐烂与死亡。其幼虫为乳白色透明体，老熟幼虫长2.8厘米，头棕褐色，胴部各节背面有4个毛片，前后各2片，排成2列，各节侧面亦有4个毛片。蔗扁蛾常选择植株干部的伤口处产卵，所以龙血树柱上有伤口时容易受害，特别是端部封蜡不严或封白色蜡时受害较重。

在购买龙血树时，应注意仔细检查，选择无虫的健康植株，以预防虫害的发生。对进口的龙血树柱在种植前，应喷洒80%敌敌畏500倍液，并用塑料薄膜密封闷5小时，杀死潜伏在皮层内的幼虫及蛹。发现蛀虫危害时，应对危害的部位进行清理，除去受害枯死的部分和清除虫粪，并碾死危害的幼虫。夏季是蔗扁蛾发生的高峰期，大量种植的，可喷用20%菊杀乳油2000倍液或20%速灭杀丁乳油2500倍液，都有较好的效果。蔗扁蛾成虫具有夜出性，家庭栽养时，可结合熏蚊，将龙血树置于驱蚊处，驱杀夜出产卵的成虫。受危害枯死的龙血树柱要及时烧毁，以免扩散危害。

对粒材小蠹

对粒材小蠹属鞘翅目小蠹科害虫，是继龙血树害虫蔗扁蛾后，又出现的一种危害性较大的害虫，除危害龙血树外，还危害铁刀木等树木。

对粒材小蠹体型很小，幼虫体长约5毫米。体形拱曲多褶皱，乳白色。幼虫蛀食韧皮部和木质部形成虫道。蛀入孔下方，常有胶状体黏液，和堆挂或漂洒在盆土上的黄白色粉状蛀屑。危害时还易产生一种真菌性病害，发病时木质部与维管束发红变黑，并发出一股似发酵的臭味。该虫多发生在长势衰弱的植株上，从而常使生长势减弱或枯死。对粒材小蠹的传播靠龙血树的调运传入，近距离的传播则主要靠成虫的迁飞，所以龙血树柱运入种植前应进行消毒杀灭(方法可参见蔗扁蛾的部分)。生长期间发生虫害时，可每7～10天喷40%氧化乐果乳油1000倍液混合90%敌百虫800倍液，也可用10%兴棉宝5000倍液混合90%敌百虫800倍液喷杀，连续4～5次。对受害枯死的植株要及时烧毁。

龙血树养护月历

1月

由于不断受强寒流的侵袭，为一年中气温最低的时期。多数年份雨水较少，气候寒冷干燥。龙血树性喜高温的环境，大部分种类的安全越冬，需要8～10℃以上的气温；星点木对越冬的温度要求更高，需13℃以上。所以需要采取加温措施，才能使龙血树安全地度过冬天。富贵竹的抗寒力较强，在2℃以上时即可安全越冬，只需置于室内暖处，不受冷风直接吹袭即可。剑叶龙血树的越冬需要5℃以上的温度，北方室内有供暖，需注意增加空气湿度。家庭栽养时，可用塑料袋把植株连盆套住，置室内向阳的暖处。白天靠近窗口的植株，晚间应移离窗口处，以免夜间窗口处温度过低而对植株产生伤害。同时控制浇水量，让盆土保持稍干的状态。

2月

气温开始回升，但十分缓慢，仍常有寒流侵袭，天气阴冷多雨。

继续做好保暖工作。温度高时，应适当打开门窗进行通风，但注意避免冷风直接吹袭，以免植株受害。同时，继续控制浇水。

3月

暖空气活跃，气温逐渐升高，但时暖时寒。由于冷暖空气的交锋，有雷雨出现，并多连续阴雨天气。下旬进入春天。

有时还有寒流侵袭（历史上上海出现过–4.5℃的低温），要继续做好保温工作。遇气温升高时，需适当打开门窗进行通风，并继续控制浇水量。

4月

暖空气势力越来越强，气温明显升高。虽仍有冷空气影响，但其势较弱。清明后最低气温不低于0℃，但尚有晚霜；谷雨后最低气温不低于5℃，晚霜结束，雨水较多。

为了使植株逐渐适应外界的环境，应尽量打开门窗加强通风，温度高时甚至在夜里也不需关闭门窗。大量栽植的龙血树应于中、下旬移出室外；家养的则仍可置于室内，但需注意通风。对越冬的植株要进行修剪。龙血树在不加温的情况下，会引起不同程度的寒害，严重时会导致植株的死亡。区别死亡与否的方法很简单，即用手指揿压树皮，若树皮坚硬，皮层与木质部不分离的，即说明树干尚有生命力，待气温转暖后即能萌出新芽继续生长。如树皮松软，并能用手轻易将皮层剥离，形成层变成黑褐色的，说明植株已经枯死，已无生还的可能。有的植株部分枯死的，可将枯死的部分锯去后，插入黄沙让其重新萌芽生根。有时树柱已枯死，但顶部萌发的新枝仍保持绿色，可将其剪下进行扦插。对于受到寒害而叶片严重枯焦的，已丧失观赏的价值，应剪去叶片后，让其重新生长发叶，并逐步恢复观赏性。对仅部分叶尖枯焦，且基本上不影响观赏的，则可用小剪刀修去枯焦的部分。随着气温的升高和植株的逐渐生长，应逐步增加浇水的数量，并施用1次腐熟的饼肥水，以促进生长。但对受寒害而长势衰弱的植株，则仍需控制水分，并停止施肥。经恢复正常的生长后，再进行常规的养护。

5月

多春雨连绵的天气，日照少。小满后春雨结束，天气渐热。龙血树开始进入旺盛生长期，应增加浇水量，保持盆土湿润。并每半月施1次肥料，叶片有斑纹的种类，应适当施用磷钾肥，以使叶色娇艳。对于生长过高而使植株基部空秃的，应结合翻盆进行短截更新，或进行高枝压条。进入5月份后，光照逐渐增强，应进行遮荫。以免产生日灼而出现叶色变黄，叶尖和叶缘枯焦，具彩色斑纹种类的叶色褪淡甚至消失。但应有充足的散射光，特别是叶色鲜丽的种类要避免过阴，否则叶色也会变淡。每天应向叶面喷3～4次叶面水，以提高空气湿度。

6月

天气转热，进入夏季。霉季到来，湿热多雨，天气多变。是一年中雨水最多的季节，常有大雨或暴雨出现。

续继进行扦插和高枝压条繁殖。6月是龙血树生长最为旺盛的时期，应每半月施1次肥料，同时充分供给水分，勤喷叶面水。进入黄梅后，雨后应及时排除盆中积水。由于这段时间的雨水多、盆土湿，所以不宜追施液肥。如需施肥，可用饼肥粉撒于盆面，让其自然发酵分解后，随浇水渗入盆土，供植株吸收。也可用0.1%尿素与0.2%磷酸二氢钾混合后在枝叶干燥时根外追肥。高温高湿的气候十分有利于病菌的繁殖和病害的蔓延，应及时预防和防治病害。

7月

梅雨结束，气候炎热，为全年温度最高的时期，故有“小暑交大暑，热来无钻处”之说。常有持续高温天气和伏旱出现。日照长而强。

龙血树在高温酷暑条件下生长减缓，应停止施肥。为了使植株生长充实，增强抵抗不良环境的能力，可喷施0.2%磷酸二氢钾溶液。由于此时温度高，光照强，植株的水分蒸腾量大，盆土容易干燥，应及时补给充分的水分，以保证植株的正常生长。并每天喷几次叶面水，不但可提高空气湿度，而且还可以降低温度。夏季是蔗扁蛾发生的高峰；高温闷热时，也是红蜘蛛繁殖迅速、危害严重的时期，都应注意及时防治。

8月

主要为高温和伏旱天气。

8月上中旬，气温仍可高达35℃以上，同时光照也很强烈，所以龙血树的生长仍较缓慢，其养护也与7月相同。

下旬起温度逐渐降低，平均气温达30℃以下，龙血树又进入一个比较适宜生长的时期。应加强肥水管理，并继续做好红蜘蛛与蔗扁蛾的防治工作。

9月

冷空气开始活跃，温度逐渐下降，多秋雨天气，秋季开始。

9月份的气候温和，是龙血树生长十分适宜的时期，应加强肥水的管理。但应减少施用氮肥，施用氮肥过多，会使植株的营养生长过旺而使组织过于柔嫩，从而降低植株的抗寒能力。

10月

冷空气加强，天气渐冷，多秋高气爽与连晴天气，并始有秋寒与早霜出现。

在夏季进行遮荫的，应及时去除遮荫物，让其受到充足的阳光照射，以有利于进行光合作用而积累充分的养分，从而提高植物体内的糖分浓度。同时增施磷钾肥，可每半月根外喷施1次0.2%磷酸二氢钾溶液，以促使组织的老化和健壮，并使植株的细胞浓度增高，避免枝叶生长过嫩而容易遭受寒害。置于室外的植株，应于下旬移入室内。

11 月

有较强冷空气侵袭，天气渐冷，逐步进入冬季。

此时为秋冬转换的时期，在气温适宜的情况下，应多打开门窗加强通风。龙血树的生长基本停止，吸水的能力也大大地降低，应控制浇水量，使盆土保持稍为干燥的状态，以有利于龙血树的安全越冬。由于蔗扁蛾有越冬时下土潜伏的习性，及茎腐病冬季存在于土中的特点，可用90%敌百虫晶体与50%福美双可湿性粉剂拌在细沙土中，以1：1：200的比例制成毒土，均匀撒在花盆土表，消灭越冬的病虫。

12月

受冷空气控制。天气寒冷干燥，常有暴冷和霜冻出现。

由于天气变冷，应采取适当的防寒措施(参见1月的养护)。开门窗通风时，应避免冷风直接吹袭植株。家庭栽养可采用间接通风的方法，即先将相邻居室的门窗打开，放入新鲜的空气，待空气变热后，再把相邻的新鲜空气放入。同时，进一步控制浇水。